第三分册
城市总体规划方案评审手册

主　编　周国艳

参　编　刘益功　方勤东

编　审　李保民　乔　森

合肥工业大学出版社

图书在版编目(CIP)数据

城市总体规划方案评审手册/周国艳主编.—合肥:合肥工业人学出版社,2017.12
ISBN 978-7-5650-3719-1

Ⅰ.①城…　Ⅱ.①周…　Ⅲ.①城市规划—总体规划—中国—手册
Ⅳ.①TU984.2-62

中国版本图书馆CIP数据核字(2017)第316708号

城市总体规划方案评审手册

周国艳　主编		责任编辑　李娇娇
出　版	合肥工业大学出版社	版　次　2017年12月第1版
地　址	合肥市屯溪路193号	印　次　2017年12月第1次印刷
邮　编	230009	开　本　880毫米×1230毫米　1/32
电　话	总　编　室:0551-62903038	印　张　1.625
	市场营销部:0551-62903198	字　数　39千字
网　址	www.hfutpress.com.cn	印　刷　安徽联众印刷有限公司
E-mail	hfutpress@163.com	发　行　全国新华书店

ISBN 978-7-5650-3719-1　　　　　　定价:18.00元

如果有影响阅读的印装质量问题,请与出版社市场营销部联系调换。

总 前 言

在我国实行的是控制性城乡规划体系。《中华人民共和国城乡规划法（2008）》是一切城乡规划和建设实践的基本法律依据。根据法律界定，城乡规划，包括城镇体系规划、城市规划、镇规划、乡规划和村庄规划。城市规划、镇规划分为总体规划和详细规划。详细规划分为控制性详细规划和修建性详细规划。《城市规划编制办法（2005）》第六条明确规定了："编制城市规划，应当坚持政府组织、专家领衔、部门合作、公众参与、科学决策的原则。"由相关专家和政府、各有关部门负责人参与的城乡规划方案的评审是城乡规划决策的必不可少的重要环节，也是遵循上述原则各地政府所采用的具体方法之一。国家有关城乡规划设计招投标工作，依法规定也需要对城乡规划方案的竞标进行技术、商务两方面的审查。城乡规划方案的技术标审查，实际上就是对于城乡规划方案的评审。

目前，有关城乡规划方案编制、审批等规范性要求方面，已经有很多国家、地方各层次的法规、规章等相关内容和要求。但是，由于城乡规划内容非常综合、复杂，技术性强，缺少简便、合规而全面的工具书作为参考，因此，在进行城乡规划方案评审的实际操作层面，往往是仁者见仁、智者见智，常常会出现关注一方面而忽视另一方面的现象，极易导致评审结果过于主观、片面，难以做到科学决策，也不利于提高城乡规划与设计水平。不论是城乡规划方案的评标、开发投资建设企业的内部方案筛选和评审、城乡规划方案竞赛和评优，还是城乡规划编制课程设计作业的成绩评价等，都缺少易懂、合规、清楚、明晰、实用的评价规划方案的工具书或手册式参考书。

本手册编写的主要目的就是要为从事城乡规划工作的相关人员提供一个实用、合规合法、简便的参考性手册，以减少评审中的片面、主观、偏离重点的实际问题，促进城乡规划方案的评审更加全面、科学、合法合规，提高规划设计方案的品质和决策的科学性。

本手册针对城乡规划的不同内容设计成一套系列手册。其内容包括了城乡规划方案的依据审查、主要内容评审和指引、成果审查要点和评分表等，设计了实用、易操作、合法合规的审查要点和评分表格，为广大的城乡规划管理人员、组织招投标机构、开发建设企业以及从事建设、规划设计、教学科研等工作的相关人员提供了可以直接运用的工具书，满足了广大的城乡规划管理、开发建设和教学研究人员的实际需要。

本系列手册主要内容包括法定和非法定规划两个系列；总体和详细两个不同层次的各种城乡规划设计方案的评审。

第一系列：法定城乡规划方案的评审

第一分册：村庄规划方案评审手册

第二分册：镇总体规划方案评审手册

第三分册：城市总体规划方案评审手册

……

　　由于本系列手册的内容十分综合、专业性要求高、法规性强，为了使本系列手册更加具有科学价值和指导性，特成立了本系列手册的专家综合审核组。每个不同的评审手册和内容分别由不同的专家组审核完成，以保证在一定程度上的合规性和准确性。

　　　　　　　　总编　周田梅　2017 年 5 月 18 日

　　苏州大学金螳螂建筑学院教授（博士）、注册规划师
　　城市规划系负责人、苏州苏大万维规划设计有限公司负责人
　　　　　　　住建部城市设计专家委员会委员
　　　　　　中国城市规划学会国外城市规划委员会委员
　　　　　　　　英国皇家城镇规划学会会员

前　　言

　　本册为第三分册：城市总体规划方案评审手册。

　　第三分册试图通过提供一个通用的规划评审指引，指导规划工作者在评析城市总体规划方案时，能够快速有效地把握评审方案的要点和步骤，能够准确地找到规划方案评审的法定依据；同时为评审城市总体规划方案提供一套明确、清晰的定性、定量评审指标体系和方法，方便规划工作者在评审总体规划方案时有所对照和运用。

目　　录

1.　概　要

1.1　指导思想

提高城市总体规划方案评审的合法性、科学性、针对性、实用性。

1.2　评审对象

城市总体规划方案（城市总体规划编制成果）的主要内容具体包括城市总体规划纲要、市域城镇体系规划、中心城区规划、近期建设规划以及城市规划实施评估内容。

1.3　适用目的

属于城市总体规划方案的实施前评审。适用于城市规划依法进行专家和相关部门的方案评审、城市总体规划方案的招投标评标、相关管理、教育、研究、设计等，特别是为县级以下有关政府部门审查城市总体规划方案提供合法合规、便捷可操作的技术指引。

1.4 手册主要内容

该手册的主要内容包括城乡总体规划评审导则+定量评审方法指引。

评审导则：根据法定依据，结合实际评审的主要对象，提出各相关规划成果内容评审的要点。

方法指引：提供基于统一评审要素的定量评审方法的具体指引。

1.5 适用范围

本手册适用于需要对于编制的城乡总体规划成果进行评审的城乡规划管理、城乡建设、城乡规划学习和研究、编制设计、教学科研等所有相关部门和人员。

2. 城市总体规划编制的依据

根据《城市规划编制办法》第六条规定，编制城市规划，应当遵循国家有关标准和技术规范。城市总体规划编制的依据包括国家有关法律、部门规章、标准规范以及国家和地方的相关方针、政策和文件，同时还包括法定的上位规划和相关规划等。

2.1 相关法律

（1）基本法律

《中华人民共和国城乡规划法（2008）》。

（2）相关法律

《中华人民共和国土地管理法》《中华人民共和国环境保护法》《中华人民共和国文物保护法》《中华人民共和国环境影响评审法》《中华人民共和国物权法》《中华人民共和国公路法》《中华人民共和国建筑法》《中华人民共和国防震减灾法》《中华人民共和国军事设施保护法》《中华人民共和国房地产管理法》《中华人民共和国人民防空法》《中华人民共和国土地管理法》《中华人民共和国水法》《中华人民共和国森林法》以及《中华人民共和国测绘法》等。

2.2　《城乡规划法》配套的行政法规与部门规章

《历史文化名城名镇名村保护条例》《风景名胜区条例》《城市规划编制办法》《城市总体规划强制性内容暂行规定》《城市总体规划审查工作规则》《城市蓝线管理办法》《城市黄线管理办法》《城市紫线管理办法》《城市绿线管理办法》《城市地下空间开发利用管理规定》《城市抗震防灾规划管理规定》《近期建设规划工作暂行办法》《中华人民共和国文物保护法实施条例》《基本农田保护条例》《城市绿化条例》《城市道路管理条例》《公共文化体育设施条例》等。

2.3　国家和地方主要有关标准与技术规范

《城市用地分类与规划建设用地标准》（GB 50137 - 2011）；

《城市规划基础术语标准》（GB/T 50280 - 98）；

《城市防洪规划规范》（GB 51079 - 2016）；

《防洪标准》（GB 50201 - 2014）；

《城市通信工程规划规范》（GB/T 50853 - 2013）；

《城镇燃气技术规范》（GB 50494 - 2009）；

《历史文化名城保护规划规范》（GB 50357 - 2005）；

《城市规划制图标准》（CJJ/T 97 - 2003）等。

除了以上国家有关城市规划编制的标准和规范外，城市总体规划编制还应遵循各省、自治区、直辖市根据当地实际情况颁布的地方性标准和技术规范等①。

---

①　主要是由地方人大依法制定的地方性法规和地方政府等部门依法制定和发布地方政府规章和文件等。以安徽省为例，涉及地方城乡规划的规章有《安徽省城乡规划条例》《安徽省城市规划管理技术规定》《安徽省城市规划管理暂行办法》等.

2.4 党和国家方针政策、城市政府及 其城乡规划行政主管部门的指导意见

（1）党和国家有关的方针政策

科学发展观、构建和谐社会、建设社会主义新农村、转变经济发展方式、保护生态环境。

（2）省级、直辖市政府的有关政策

（3）城市地方政府的其他城市总体规划有关的政策

《国务院关于深化改革严格土地管理的决定》《关于贯彻（关于深化改革严格土地管理的决定）的通知》《关于加强城市总体规划编制和审批工作的通知》等。

2.5 上位城乡规划以及相关规划

（1）上位规划

包括上一层次依法制定和依法批准的城镇体系规划、区域规划、城市总体规划、"多规合一"空间规划以及其他各类专项规划等。

（2）相关规划

包括国民经济与社会发展规划、土地利用总体规划、交通规划、环境保护规划、"外规合一"空间规划以及其他各专项规划等。

除了上位规划和相关规划内容外，城市总体规划编制还应结合上版城市总体规划的实施评审情况和已经批准的城市总体规划编制纲要的内容进行。

3. 城市总体规划主要内容和成果构成

3.1 城市总体规划的主要内容

根据城市规划编制内容和基本程序，城市总体规划主要包括前期研究、城市总体规划纲要编制、城市总体规划编制（包括市域城镇体系规划和中心城区规划）三个部分内容，其中前期研究又包括对上版城市总体规划以及各专项规划的实施情况进行总结和评估，对基础设施的支撑能力和建设条件做出评审以及对城市的定位、发展目标、城市功能和空间布局等战略问题进行前瞻性研究内容等[①]。城市总体规划的期限一般为二十年，同时可以对城市远景发展的空间布局提出设想。确定城市总体规划的具体期限，应当符合国家有关政策的要求。

---

① 全国城市规划职业制度管理委员会. 城市规划原理［M］. 北京：中国计划出版社，2011：129.

3.1.1 城市总体规划实施结果评估的主要内容①

城市总体规划实施成效评估主要指的是事后评价②，事后评价涉及测量和评价规划实施后的效应和影响。评价的主要对象是城市规划的实施结果和规划目标的符合性、实际建设情况和空间资源规划配置的一致性以及城市规划实施结果的影响。城市规划实施成效的评估对于规划政策制定的科学性、合理性、可操作性等具有重要意义。

由于城市规划实施结果的影响涉及社会、经济、环境等方方面面，非常复杂。通常，这种影响评价会采取一种综合性，虽存在一定主观性，但是实际可操作的评价方法，例如采用社会的满意度调查方法进行评估。

目前城市规划的实施评估主要采纳针对实施结果的评估分析，从而得出原来总体规划的实施反馈，为更新版城市规划的编制提供了重要的基础信息。实施结果评估的主要内容包括两大部分：即作为一种政策的非空间要素规划目标实现度以及空间要素的实施结果和空间规划的符合度。

非空间要素的符合性分析评估主要是指原版规划所确定的社会、经济、环境等各方面的近远期目标，在一定的建设时期后的实际实现程度。

空间要素的实施结果评估一般是将现状已经建成的城市空间建设结果，包括空间区位，规划布局，用地性质，开发容量、规模，开发时序等和原版已批准的总体规划所确定的相应的空间规划方案和内容进行对比。通过 GIS 等空间分析方法比较空间规划实施结果的符合性，并分析原因，从而得知在落实

---

① 中华人民共和国住房和城乡建设部. 城市总体规划实施评估办法（试行）[Z]. 2009-04-16.

② 周国艳. 城市规划评价及其方法：欧洲理论家与中国学者的前沿性研究[M]. 南京：东南大学出版社, 2013：6-7.

空间规划方面的实际成效及存在的问题，对今后的规划提供必要的支撑和依据。

针对城市总体规划实施结果影响的评估，近些年来一般采用城市规划的社会利益相关者满意度综合评价方法进行调查和评估。这种方法实际上是评价城市规划实施结果的社会反馈和影响度。

城市规划实施结果的评估主要内容包括：

（1）城市发展方向和空间布局是否与规划一致。

（2）规划阶段性目标的落实情况。

（3）各项强制性内容的执行情况。

（4）规划委员会制度、信息公开制度、公众参与制度等决策机制的建立和运行情况。

（5）土地、交通、产业、环保、人口、财政、投资等相关政策对规划实施的影响。

（6）依据城市总体规划的要求，制定各项专业规划、近期建设规划及控制性详细规划的情况。

（7）相关的建议，即城市人民政府可以根据城市总体规划实施的需要，提出其他评估内容。

3.1.2　城市总体规划专题研究的主要内容

城市总体规划的专题研究是针对规划编制过程中所面对或需要解决的问题而进行的研究。这类研究通常都是寻找针对具体问题的对策，是城市总体规划编制工作进一步开展的基础。

城市总体规划专题研究是根据各个城市的具体情况和具体要求而确定，除了对城市性质、规模、发展方向等进行专题研究外，有的城市在总体规划阶段，还进行其他多项专题研究，包括城市发展的区域研究、产业发展战略研究、城市环境容量研究、对外交通系统研究、远景规划模式研究、城市住房与居住环境质量研究、城市景观和城市设计研究、总体规划编制与实施的研究等。

各类专题研究的评估要点可以参见本系列专项规划类丛书的具体内容。

表 3.1 总体规划专题研究一览表①

一般专题	特色专题
区域协调发展研究 人口及城镇化专题研究 城市产业发展及定位专题研究 城市发展规模研究 城镇风貌特色研究 城市公共服务设施发展与布局专题研究 城市综合交通专题研究 ……	城市环境容量与规模预测专题研究 生态城市建设与环境保护专题研究 城市更新与旧区改造策略专题研究 住房政策与居住空间分布专题研究 文化特色与历史文化遗存保护研究 城市地下空间规划与利用专题研究 城乡统筹发展专题研究 城市总体设计及密度分布研究 主体功能区划与城市规划实施政策研究 ……

3.1.3 城市总体规划纲要的主要内容

（1）市域城镇体系规划纲要，其内容包括：提出市域城乡统筹发展战略；确定生态环境、土地和水资源、能源、自然和历史文化遗产保护等方面的综合目标和保护要求，提出空间管制原则；预测市域总人口及城镇化水平，确定各城镇人口规模、职能分工、空间布局方案和建设标准；原则确定市域交通发展策略。

---

① 深圳市城市规划设计研究院. 城乡规划编制技术手册 [M]. 北京：中国建筑工业出版社，2015：20.

（2）提出城市规划区范围。

（3）分析城市职能、提出城市性质和发展目标。

（4）提出禁建区、限建区、适建区范围。

（5）预测城市人口规模。

（6）研究中心城区空间增长边界，提出建设用地规模和建设用地范围。

（7）提出交通发展战略及主要对外交通设施布局原则。

（8）提出重大基础设施和公共服务设施的发展目标。

（9）提出建立综合防灾体系的原则和建设方针。

3.1.4 市域城镇体系规划的主要内容①

（1）提出市域城乡统筹的发展战略。其中位于人口、经济、建设高度聚集的城镇密集地区的中心城市，应当根据需要，提出与相邻行政区域在空间发展布局、重大基础设施和公共服务设施建设、生态环境保护、城乡统筹发展等方面进行协调的建议。

（2）确定生态环境、土地和水资源、能源、自然和历史文化遗产等方面的保护与利用的综合目标和要求，提出空间管制原则和措施。

（3）预测市域总人口及城镇化水平，确定各城镇人口规模、职能分工、空间布局和建设标准。

（4）提出重点城镇的发展定位、用地规模和建设用地控制范围。

（5）确定市域交通发展策略；原则确定市域交通、通信、能源、供水、排水、防洪、垃圾处理等重大基础设施，重要社会服务设施，危险品生产储存设施的布局。

---

① 中华人民共和国住房和城乡建设部．城市规划编制办法［Z］．2006–04–01.

（6）根据城市建设、发展和资源管理的需要划定城市规划区。城市规划区的范围应当位于城市的行政管辖范围内。

（7）提出实施规划的措施和有关建议。

3.1.5　中心城区规划的主要内容①

（1）分析确定城市性质、职能和发展目标。

（2）预测城市人口规模。

（3）划定禁建区、限建区、适建区和已建区，并制定空间管制措施。

（4）确定村镇发展与控制的原则和措施；确定需要发展、限制发展和不再保留的村庄，提出村镇建设控制标准。

（5）安排建设用地、农业用地、生态用地和其他用地。

（6）研究中心城区空间增长边界，确定建设用地规模，划定建设用地范围。

（7）确定建设用地的空间布局，提出土地使用强度管制区划和相应的控制指标（建筑密度、建筑高度、容积率、人口容量等）。

（8）确定市级和区级中心的位置和规模，提出主要的公共服务设施的布局。

（9）确定交通发展战略和城市公共交通的总体布局，落实公交优先政策，确定主要对外交通设施和主要道路交通设施布局。

（10）确定绿地系统的发展目标及总体布局，划定各种功能绿地的保护范围（绿线），划定河湖水面的保护范围（蓝线），确定岸线使用原则。

（11）确定历史文化保护及地方传统特色保护的内容和要求，划定历史文化街区、历史建筑保护范围（紫线），确定各

---

① 中华人民共和国住房和城乡建设部. 城市规划编制办法 ［Z］. 2006-04-01.

级文物保护单位的范围；研究确定特色风貌保护重点区域及保护措施。

（12）研究住房需求，确定住房政策、建设标准和居住用地布局；重点确定经济适用房、普通商品住房等满足中低收入人群住房需求的居住用地布局及标准。

（13）确定电信、供水、排水、供电、燃气、供热、环卫发展目标及重大设施总体布局。

（14）确定生态环境保护与建设目标，提出污染控制与治理措施。

（15）确定综合防灾与公共安全保障体系，提出防洪、消防、人防、抗震、地质灾害防护等规划原则和建设方针。

（16）划定旧区范围，确定旧区有机更新的原则和方法，提出改善旧区生产、生活环境的标准和要求。

（17）提出地下空间开发利用的原则和建设方针。

（18）确定空间发展时序，提出规划实施步骤、措施和政策建议。

3.1.6　城市总体规划的强制性内容①

（1）城市规划区范围。

（2）市域内应当控制开发的地域。包括：基本农田保护区，风景名胜区，湿地、水源保护区等生态敏感区，地下矿产资源分布地区。

（3）城市建设用地。包括：规划期限内城市建设用地的发展规模，土地使用强度管制区划和相应的控制指标（建设用地面积、容积率、人口容量等）；城市各类绿地的具体布局；城市地下空间开发布局。

（4）城市基础设施和公共服务设施。包括：城市干道系

---

①　中华人民共和国住房和城乡建设部．城市规划编制办法［Z］.2006-04-01.

统网络、城市轨道交通网络、交通枢纽布局；城市水源地及其保护区范围和其他重大市政基础设施；文化、教育、卫生、体育等方面主要公共服务设施的布局。

（5）城市历史文化遗产保护。包括：历史文化保护的具体控制指标和规定；历史文化街区、历史建筑、重要地下文物埋藏区的具体位置和界线。

（6）生态环境保护与建设目标，污染控制与治理措施。

（7）城市防灾工程。包括：城市防洪标准、防洪堤走向，城市抗震与消防疏散通道，城市人防设施布局，地质灾害防护规定。

附：近期建设规划的主要内容①

一般要求：近期建设规划的期限原则上应当与城市国民经济和社会发展规划的年限一致，并不得违背城市总体规划的强制性内容。近期建设规划到期时，应当依据城市总体规划组织编制新的近期建设规划。

主要内容：

（1）确定近期人口和建设用地，确定建设用地的范围和布局。

（2）确定近期交通发展策略，确定主要对外交通设施和主要道路交通设施布局。

（3）确定近期各项基础设施，公共服务和公益设施的建设规模和选址。

（4）确定近期居住用地的安排和布局。

（5）确定历史文化名城，历史文化街区的保护措施；城市河湖水系、绿化、环境等的保护，整治和建设措施。

（6）确定引导和控制近期建设规划的原则和措施。

---

① 中华人民共和国住房和城乡建设部. 城市规划编制办法［Z］. 2006-04-01.

3.2　城市总体规划的成果构成①

3.2.1　城市总体规划成果构成

城市规划设计的成果一般由三部分组成，包括：

（1）规划文本：表达规划意图、目标和对规划有关内容提出的规定性要求，文字表达应当规范、准确、肯定、含义清楚。

（2）规划图纸：用图像表达现状和规划设计内容，规划图纸应绘制在近期测绘的现状地形图上，规划图上应显示出现状和地形。图纸上应标注图名、比例尺、图例、绘制时间、规划设计单位名称和技术负责人签字。

（3）附件：包括规划说明书和基础资料汇编，规划说明书的内容是分析现状、论证规划意图、解释规划文本等。

3.2.2　城市总体规划纲要成果的具体内容

表3.2　城市总体规划纲要成果一览表

成果构成	具体内容
文字说明	1. 简述城市自然、历史、现状特点 2. 分析论证城市在区域发展中的地位和作用、经济社会发展的目标、发展优势与制约因素，初步划出城市规划区范围 3. 原则确定规划期内的城市发展目标、城市性质、初步预测人口规模、用地规模 4. 提出城市用地发展方向和市局的初步方案 5. 对城市能源、水源、交通、基础设施、防灾、环境保护、重点建设等主要问题提出原则规划意见 6. 提出制定和实施城市规划重要措施的意见

---

①　中华人民共和国住房和城乡建设部. 城市规划编制办法实施细则［Z］. 2006-04-06.

深圳市城市规划设计研究院. 城乡规划编制技术手册［M］. 北京：中国建筑工业出版社，2015：20.

成果构成	具体内容
规划图纸	1. 区域城镇关系示意图：图纸比例为 1：500000、1：1000000，标明相邻城镇位置、行政区划、重要交通设施、重要工矿区和风景名胜区 2. 城市现状示意图：图纸比例为 1：25000、1：50000，标明城市规划区和城市规划建设用地大致范围，标注各类主要建设用地、规划主要干道、河湖水面、重要的对外交通设施 3. 其他必要的分析图纸

3.2.3 城市总体规划成果的具体内容

表3.3 城市总体规划成果一览表

成果构成	具体内容
规划文本	1. 前言：说明本次规划编制的根据 2. 城市规划基本对策概述 3. 市（县）域城镇发展 ① 城镇发展战略及总体目标 ② 预测城市化水平 ③ 城镇职能分工、发展规模等级、空间布局、重点发展城镇 ④ 区域性交通设施、基础设施、环境保护、风景旅游区的总体布局 ⑤ 有关城镇发展的技术政策 4. 城市性质、城市规划期限、城市规划区范围、城市发展方针与战略、城市人口现状及发展规模 5. 城市土地利用和空间布局 ① 确定人均用地和其他有关技术经济指标，注明现状建成区面积，确定规划建设用地范围和面积，列出用地平衡表 ② 城市各类用地的布局，不同区位土地使用原则及地价等级的划分，市、区级中心及主要公共服务设施的布局

（续表）

成果构成	具体内容
规划文本	③ 重要地段的高度控制，文物古迹、历史地段、风景名胜的保护，城市风貌和特色 ④ 旧区改建原则，用地结构调整及环境综合整治 ⑤ 郊区主要乡镇企业、村镇居民点以及农地和副食基地的布局，禁止建设的绿色控制范围 6. 城市环境质量建议指标，改善或保护环境的措施 7. 各项专业规划 8. 3~5 年内的近期建设规划，包括基础设施建设、土地开发投入、住宅建设等 9. 实施规划的措施
规划图纸	1. 市（县）域城镇分布现状图。图纸比例为 1∶50000 ~ 1∶2000000，标明行政区划、在镇分布、交通网络、主要基础设施、主要风景旅游资源 2. 城市现状图。图纸比例为大中城市 1∶10000 或 1∶25000，小城市可用 1∶5000。图纸应标明以下内容： ① 应按《城市用地分类及规划建设用地标准》（GBJ 137-90）分类画出城市现状各类用地的范围（以大类为主，中类为辅） ② 城市主次干道，重要对外交通，市政公用设施的位置 ③ 商务中心区及市、区级中心的位置 ④ 需要保护的风景名胜、文物古迹、历史地段范围 ⑤ 经济技术开发区、高新技术开发区、出口加工、保税区等范围 ⑥ 园林绿化系统和河、湖水面 ⑦ 主要地名和主要街道名称 ⑧ 表现风向、风速、污染系数的风玫瑰 3. 新建城市和城市新发展地区应绘制城市用地工程地质评审图。图纸比例同现状图，图纸应标明以下内容： ① 不同工程地质条件和地面坡度的范围、界线、参数

成果构成	具体内容
规划图纸	② 潜在地质灾害（滑坡、崩塌、溶洞、泥石流、地下采空、地面沉降及各种不良性特殊地基土等）空间分布、强度划分 ③ 活动性地下断裂带位置，地震烈度及灾害异常区 ④ 按防洪标准频率绘制的洪水淹没线 ⑤ 地下矿藏、地下文物埋藏范围 ⑥ 城市土地质量的综合评审，确定适宜性区划（包括适宜修建、不适宜修建和采取工程措施方能修建地区的范围），提出土地的工程控制要求 4. 市（县）域城镇体系规划图。图纸比例同现状图，标明行政区划、城镇体系总体布局、交通网络及重要基础设施规划布局、主要文物古迹、风景名胜及旅游区布局 5. 城市总体规划图。表现规划建设用地范围内的各项规划内容，图纸比例同现状图 6. 郊区规划图。图纸比例为 1∶25000～1∶50000，图纸应标明以下内容： ① 城市规划区范围、界线 ② 村镇居民点、公共服务设施、乡镇企业等各项建设用地布局和控制范围 ③ 对外交通用地及需与城市隔离的市政公用设施（水源地、危险品库、火葬场、墓地、垃圾处理消纳地等）用地的布局和控制范围 ④ 农田、菜地、林地、园地、副食品基地和禁止建设的绿色空间的布局和控制范围 7. 近期建设规划图 8. 各项专业规划图
附　件	说明书、专题研究报告、基础资料汇编等

3.2.4　总体规划阶段的各项专业规划成果的具体内容

表3.4　各项专业规划成果一览表

类　型	成果构成	具体内容
道路交通规划	文本内容	1. 对外交通 ① 铁路站、线、场用地范围 ② 江、海、河港口码头、货场及疏通用地范围 ③ 航空港用地范围及交通联结 ④ 市际公路、快速公路与城市交通的联系，长途客运枢纽站的用地范围 ⑤ 城市交通与市际交通的衔接 2. 城市客运与货运 ① 公共客运交通和公交线路、站场分布 ② 自行车交通 ③ 地铁、轻轨线路可行性研究和建设安排 ④ 客运换乘枢纽 ⑤ 货运网络和货源点布局 ⑥ 货运站场和枢纽用地范围 3. 道路系统 ① 各项交通预测数据的分析、评审 ② 主次干道系统的布局，重要桥梁、立体交叉、快速干道、主要广场、停车场位置 ③ 自行车、行人专用道路系统
	图纸内容	1. 分类标绘客运、货运、自行车、步行道路的走向 2. 主次干道走向、红线宽度、重要交叉口形式 3. 重要广场、停车场、公交停车场的位置和范围 4. 铁路线路及站场、公路及货场、机场、港口、长途汽车站等对外交通设施的位置和用地范围

（续表）

类 型	成果构成	具体内容
给水工程规划	文本内容	1. 用水量标准，生产、生活、市政用水点量估算 2. 水资源供需平衡，水源地选择，供水能力，取水方式，净水方案，水厂制水能力 3. 输水管风及配水干管布置，加压站位置和数量 4. 水源地防护措施
	图纸内容	1. 水源及水源井、泵房、水厂、贮水池位置、供水能力 2. 给水分区和规划供水量 3. 输配水干管走向、管径、主要加压站、高位水池规模及位置
排水工程规划	文本内容	1. 排水制度 2. 划分排水区域，估算雨水、污水总量，制定不同的区污水排放标准 3. 排水管、渠系统规划布局，确定主要泵站及位置 4. 污水处理厂布局、规模、处理等级以及综合利用的措施
	图纸内容	1. 排水分区界线，汇水总面积，规划排放总量 2. 排水管渠干线位置、走向、管径和出口位置 3. 排水泵站和其他排水构筑物规模位置 4. 污水处理厂位置、用地范围
供电工程规划	文本内容	1. 用电量指标、总用电负荷、最大用电负荷、分区负荷密度 2. 供电电源选择 3. 变电站位置、变电等级、容量、输配电系统电压等级、敷设方式 4. 高压走廊用地范围、防护要求
	图纸内容	1. 供电电源位置、供电能力 2. 变电站位置、名称、容量、电压等级 3. 供电线路走向、电压等级、敷设方式 4. 高压走廊用地范围、电压等级

（续表）

类　型	成果构成	具体内容
电信工程规划	文本内容	1. 各项通信设施的标准和发展规模（包括长途电话、市内电话、电报、电视台、无线电台及部门通信设施） 2. 邮政设施标准、服务范围、发展目标、主要局所网点布置 3. 通信线路布置、用地范围、敷设方式 4. 通信设施布局和用地范围、收发调区和微波通道的保护范围
	图纸内容	1. 各种通信设施位置，通信线路走向和敷设方式 2. 主要邮政设施布局 3. 收发信区、微波通道等保护范围
供热工程规划	文本内容	1. 估算供热负荷、确定供热方式 2. 划分供热区域范围、布置热电厂 3. 热力网系统、敷设方式 4. 联片集中供热规划
	图纸内容	1. 供热热源位置、供热量 2. 供热分区、热负荷 3. 供热干管走向、管径、敷设方式
燃气工程规划	文本内容	1. 估算燃气消耗水平，选择气源，确定气源结构 2. 确定燃气供应规模 3. 确定输配系统供气方式、管网压力等级、管网系统，确定调压站、灌瓶站、贮存站等工程设施布置
	图纸内容	1. 气源位置、供气能力、储气设备容量 2. 输配干管走向、压力、管径 3. 调压站、贮存站位置和容量

类　型	成果构成	具体内容
园林绿化、文物古迹及风景名胜规划	文本内容	1. 公共绿地指标 2. 市、区级公共绿地布置 3. 防护绿地、生产绿地位置范围 4. 主要林荫道位置 5. 文物古迹、历史地段、风景名胜区保护范围与保护控制要求
	图纸内容	1. 市、区级公共绿地（公园、动物园、植物园、陵园，大于200平方米的街头、居住区级绿地、滨河绿地、主要林荫道）用地范围 2. 苗圃、花圃、专业植物等绿地范围 3. 防护林带、林地范围 4. 文物古迹、历史地段、风景名胜区位置和保护范围 5. 河湖水系范围
环境卫生设施规划	文本内容	1. 环境卫生设施设置原则和标准 2. 生活废弃物总量、垃圾收集方式、堆放及处理，消纳场所的规模及布局 3. 公共厕所布局原则、数量
	图纸内容	图纸应标明主要环卫设施的布局和用地范围，可和环境保护规划图合并
环境保护规划	文本内容	1. 环境质量的规划目标和有关污染物排放标准 2. 环境污染的防护、治理措施
	图纸内容	1. 环境质量现状评审图：标明主要污染源分布、污染物质扩散范围，主要污染排放单位名称、排放浓度、有害物质指数 2. 环境保护规划图：规划环境标准和环境分区质量要求，治理污染的措施

（续表）

类　　型	成果构成	具体内容
防洪规划	文本内容	1. 城市需设防地区（防江河洪水、防山洪、防海潮、防泥石流）范围、设防等级、防洪标准 2. 防洪区段安全泄洪量 3. 设防方案，防洪堤坝走向，排洪设施位置和规模 4. 防洪设施与城市道路、公路、桥梁交叉方式 5. 排涝防渍的措施
防洪规划	图纸内容	1. 各类防洪工程设施（水库、堤坝闸门、泵站、泄洪道等）位置、走向 2. 防洪设防地区范围、洪水流向 3. 排洪设施位置、规模
利用及人防规划 地下空间开发	文本内容	1. 城市战略地位概述 2. 地下空间开发利用和人防工程建设的原则和重点 3. 城市总体防护布局 4. 人防工程规划布局 5. 交通、基础设施的防空、防灾规划 6. 贮备设施布局
利用及人防规划 地下空间开发	图纸内容	1. 城市总体防护规划图。图纸比例 1：5000～1：25000，标绘防护分区，疏散区位置，贮备设施位置，主要疏散道路等 2. 城市人防工程建设和地下空间开发利用规划图。标绘各类人防工程及城市建设相结合的工程位置及范围

类　型	成果构成	具体内容
历史文化名城保护规划	文本内容	1. 历史文化价值概述 2. 保护原则和重点 3. 总体规划层次的保护措施：保护地区人口规模控制，占据文物古迹风景名胜单位的搬迁，调整用地布局，改善古城功能的措施，古城规划格局、空间形态、视觉通廊的保护 4. 确定文物古迹保护项目，划定保护范围和建设控制地带、提出保护要求 5. 确定需要保护的历史地段、划定范围并提出整治要求 6. 重要历史文化遗产修整、利用、展示的规划意见 7. 规划实施管理的措施
	图纸内容	1. 文物古迹、历史地段、风景名胜分布图。图纸比例为 1：5000～1：25000，在城市现状图上标绘名称和范围 2. 历史文化名城保护规划图，标绘各类保护控制地区的范围，有不同保护要求的要分别表示。文物古迹、历史街区、风景名胜及其他需保护地区的保护范围、建设控制地带范围、近期实施保护修整项目的位置、范围，古城建筑高度控制，其他保护措施示意

3.2.5　城市近期建设规划成果的具体内容

表 3.5　城市近期建设规划成果一览表

成果构成	具体内容
文本内容	包括总则、近期发展目标与策略、近期发展规模、近期城市总体布局、近期专项建设规划与项目建设规划、近期建设项目整合和综合性行动计划、实施政策、附则、附录 在规划文本中应当明确表达规划的强制性内容

（续表）

成果构成	具体内容
规划图纸	城市用地现状图、城市近期建设用地规划图、城市近期用地供应与调整指引图、城市近期重点建设地区与分区管制规划图、城市近期重大交通设施规划（项目）图、城市近期重大公共设施规划（项目）图、城市近期重大市政设施规划（项目）图、城市近期自然与历史文化遗产保护规划、城市近期居住用地（住区）规划（项目）图、城市近期绿地与景观设施规划（项目）图、城市近期重大工业及仓储设施规划（项目）图、城市近期重大防灾设施规划（项目）图、城市近期"四线"控制图（绿线、紫线、蓝线、黄线）等
附　件	说明书、专题研究报告、基础资料汇编等

4. 城市总体规划成果的审查要点和评分表

4.1 城市总体规划评审的方法[①]

正式的城市总体规划方案评审需要依法由政府和城乡规划行政主管部门组织专家评审。总体规划草案的质量评审的组织者可以是地方规划的政府机构、规划师或是第三方机构。评审规划质量的方法主要采用一份审查清单，评审者可根据这份清单来评价规划方案的合理性、科学性、合法性，从而判断总体规划质量的高低。

为增强评审的可靠性和操作性，建议采用计分的方法。评审者可根据审查清单所列的评审要点进行逐一打分，最后进行汇总。对于各个评审要点的分值分配和权重安排，由评审组织者（可为规划主管部门或第三方机构）根据各个地方具体情况和要求进行确定。也可以借助本手册编者开发的规划评审计算机应用平台，进行快速高效且具有可分析结果的方法评审。

---

① 宋彦，陈燕萍. 城乡规划评估指引［M］. 北京：中国建筑工业出版社，2012：24.

4.2　城市总体规划要点审查评分表①

4.2.1　城市总体规划纲要要点审查评分表

城市总体规划纲要评审要点			
主要方面	评审要点	得分	备注
区域协调	是否提出区域协调和设施对接的要求，并明确区域协调的内容		
空间管制	是否确定生态环境、重要资源、自然灾害高风险区、自然历史文化遗产等市域空间管制要素，并提出综合目标和管制要求。提出禁建区、限建区、适建区范围		
城镇发展战略	是否提出合理的市域总体发展策略以及城乡统筹、生态、产业、空间、交通及公共设施等分项发展策略		
城镇发展规划	①市域总人口及城镇化水平预测是否合理 ②是否明确市域城镇体系，并提出等级与规模、城镇职能和城镇空间结构以及确定各级城市、重点城镇的发展定位、规模等 ③各级城市、重点城镇的发展定位、规模等是否合理		
产业发展与布局	①产业发展方向和产业布局结构是否合理 ②是否制定产业发展战略		
综合交通体系	确定综合交通发展目标和策略。原则提出综合交通设施的布局原则		

---

① 深圳市城市规划设计研究院. 城乡规划编制技术手册 ［M］. 北京：中国建筑工业出版社，2015：20.

城市总体规划纲要评审要点			
主要方面	评审要点	得分	备注
重大基础设施	市域水资源、能源、生态环境保护、城市安全等方面的发展目标、主要标准以及重大基础设施的布局是否合理		
城乡公共服务设施	提出城乡基本公共服务均等化目标；确定城乡主要公共服务设施空间布局优化的原则与配建标准		
城市规划区划定	按照城市规划区的法定含义，提出城市规划区范围		
城市职能、性质和发展目标	分析城市职能，提出城市性质；提出城市发展目标		
城市发展规模	城市人口预测是否合理；是否明确中心城区增长边界和提出建设用地规模；是否合理安排生态用地、农业用地等		
总体空间布局	提出城市主要发展方向、空间结构和功能布局；合理安排城市各类用地；提出人均建设用地标准等要求。提出禁建区、限建区、适建区范围		
居住用地	提出住房建设目标、确定居住用地规模和布局、明确住房保障的主要任务，提出保障性住房的近期建设规模和空间布局原则等		
公共管理和公共服务设施用地	提出各类公共服务设施发展目标和规模		
城市道路系统规划	提出交通发展战略，明确交通发展目标、各种交通方式的功能定位以及交通政策，提出对外交通设施的布局原则		

（续表）

城市总体规划纲要评审要点			
主要方面	评审要点	得分	备注
绿地系统规划	提出绿地系统的建设目标及总体布局；提出主要地表水及周边的建设控制要求		
市政基础设施规划	明确中心城区各类市政基础设施的规划目标、建设标准和总体布局		
补充说明：		总得分：	

4.2.2　城市市域总体规划要点审查评分表

市域总体规划评审要点			
主要方面	评审要点	得分	备注
规划衔接	①总体规划是否贯彻了省域城镇体系规划对人口与城镇等级、产业空间布局与城镇职能结构、城镇空间组织相关内容的指导思想；是否执行了省域城镇体系规划中强制性内容的相关规定 ②城市总体规划是否在空间上有效承载了国民经济与社会发展规划对产业、经济以及社会的考虑；城市总体规划对城市建设用地考虑是否与土地利用总体规划取得协调；城市总体规划是否积极统筹了交通规划、环境保护规划等各专项规划		
区域协调	是否提出与相邻行政区域在空间发展布局、重大基础设施和公共服务设施建设、生态环境保护、城镇统筹发展等方面进行协调的建议		

市域总体规划评审要点			
主要方面	评审要点	得分	备注
空间管制	是否确定生态环境、重要资源、自然灾害高风险区、自然历史文化遗产等市域空间管制要素，并提出综合目标和管制要求。提出禁建区、限建区、适建区范围		
城镇发展战略	是否提出合理的市域总体发展策略以及城乡统筹、生态、空间、产业、空间、交通及公共设施等分项发展策略		
城镇发展规划	①市域总人口及城镇化水平预测是否合理 ②是否明确市域城镇体系，并提出等级与规模、城镇职能和城镇空间结构以及确定各级城市、重点城镇的发展定位、规模等 ③是否划分政策分区且制定发展指引，并提出城镇化和城乡统筹具体策略 ④是否提出村镇规划建设指引		
产业发展与布局	①产业发展方向和产业布局结构是否合理 ②是否制定产业发展战略		
综合交通体系	综合交通设施的功能、等级、布局和用地控制要求是否合理		
重大基础设施	市域水资源、能源、生态环境保护、城市安全等方面的发展目标、主要标准以及重大基础设施的布局是否合理，并落实重大设施的用地控制要求		
城乡公共服务设施	城乡公共服务设施与城乡主要公共服务设施的布局、等级、规模和用地控制要求是否合理		

（续表）

市域总体规划评审要点			
主要方面	评审要点	得分	备注
城市规划区划定	城市规划区范围划定是否合理，"三区"划分以及是否制定相应的空间管制措施		
补充说明：		总得分：	

4.2.3　中心城区总体规划要点审查评分表

中心城区总体规划评审要点				
主要方面		评审要点	得分	备注
城市职能、性质和发展目标	城市职能	①城市的基本职能和非基本职能是否明确划定且职能判别清楚 ②城市的主要职能是否对城市的发展起主导作用		
	城市性质	①城市性质的确定需要确定城市在国民经济中所承担的职能，在确定该城市在国家或区域的经济、政治、社会、文化中的地位和作用的基础上确定城市性质 ②是否正确认识城市形成与发展的主导因素		
	城市定位	①能否从区域战略高度确立城市的定位 ②能否把握住城市主要发展方向 ③寻找城市特色优势		
城市发展规模		①城市人口及用地发展规模是否实事求是地充分考虑城市未来经济发展水平，城市资源及城市发展的限制 ②人口规模方面的判断，包括城市人口的构成、城市人口的变化和人口规模的预测是否准确 ③城市用地规模的预测		

中心城区总体规划评审要点			
主要方面	评审要点	得分	备注
总体空间布局	①能否城乡结合并进行统筹安排 ②城市发展方向是否合理，是否功能协调，结构清晰 ③城市各类用地布局是否合理 ④是否提出土地使用强度管制区划和相应控制指标 ⑤依托旧区，紧凑发展 ⑥分期建设，留有余地 ⑦综合考虑地貌类型、地标形态、水系、地下水、风向等因素 ⑧划定"五线"控制范围		
产业空间布局	中心城区产业空间布局组织体系和产业空间布局是否合理		
居住用地	①居住用地应选择环境优良的地区，有适合的地形与工程地质条件 ②居住用地的选择应协调与城市的就业区和商业中心等功能地域的相互关系 ③居住用地选择应有适宜的规模与用地现状 ④城市外围选择居住用地，要考虑与现有城区的功能结构关系 ⑤需要注意用地自身以及周边环境污染的影响 ⑥居住用地选择要结合房地产市场的需求趋向，考虑建设的可行性与效益 ⑦居住用地的选择要注意留有余地		
公共管理和公共服务设施用地	①公共设施项目要合理配置 ②公共设施要与居民生活的密切程度来确定合理的服务半径 ③结合城市道路与交通规划考虑 ④根据公共服务设施本身的特点以及对环境的要求进行布置		

（续表）

中心城区总体规划评审要点			
主要方面	评审要点	得分	备注
公共管理和公共服务设施用地	⑤要考虑合理的建设顺序，并留有余地 ⑥公共设施的布置能否考虑城市景观的组织要求 ⑦要充分利用城市的原有基础设施		
工业用地规划布局	①要有足够的用地面积，用地条件符合工业的具体特点和要求，有方便的交通，能解决给排水问题 ②职工的居住用地应分布在卫生条件较好的地段上，应尽量靠近工业区，并有方便的交通联系 ③在各个发展阶段中，工业区和城市各个部分应该保持紧凑集中，互不妨碍，并充分注意节约用地 ④相关企业之间应该取得较好的联系，开展必要的协作，考虑资源的综合利用，减少室内运输		
仓储用地规划布局	①应符合仓储用地的一般技术要求 ②是否有利于交通运输 ③是否有利于建设和经营使用 ④需要考虑节约用地，并留有余地 ⑤在沿河、湖、海布置仓库时，必须留出岸线 ⑥需要保护城市环境，防止污染，保证城市安全		

（续表）

中心城区总体规划评审要点				
主要方面		评审要点	得分	备注
综合交通规划	对外交通	①铁路设施是否按照他们对城市服务的性质和功能进行布置，并与城市布局拥有良好的关系 ②公路布置要有利于城市与市域内各乡镇之间的联系，适应城镇体系发展的规划要求；干线公路要与城市道路网有合理的联系 ③港口选址应该与城市总体规划布局相协调；港口建设要与区域交通综合考虑；港口建设与工业布置要紧密结合。合理进行岸线分配与作业区 ④航空港的选址是否满足保证飞机起降安全的自然地理和气候条件；机场的选址尽可能使跑道轴线方向避免穿越市区，最好位于城市侧面相切的位置；规划要妥善处理航空港与城市的距离和交通问题		
	城市道路系统规划	①城市道路系统的空间布置是否合理；城市交通性路网和生活服务性路网布置 ②城市交通枢纽在城市中的位置选择 ③城市道路交通设施的布置 ④城市停车设施的布置		
	城市公共交通系统规划	①公共交通线网规划是否满足城市居民上下班等出行的乘车需要；线路是否结合主要人流集散点布置，并与主要客流流向一致 ②公共交通场站规划是否合理		

（续表）

中心城区总体规划评审要点			得分	备注
主要方面		评审要点	得分	备注
绿地系统规划		绿地系统的建设目标及总体布局是否合理，是否明确公园绿地、防护绿地的布局和规划控制要求		
历史文化和传统风貌保护		①历史文化名城的保护规划必须分析城市的历史、社会、经济背景和现状，体现名城的历史价值、科学价值、艺术价值和文化内涵 ②是否建立历史文化名城、历史文化街区与文物保护单位三个层次的保护体系 ③是否确立保护目标、原则，确定保护内容和保护重点，提出保护措施 ④规划城市格局是否应和传统风貌保持延续 ⑤划定保护界线是否提出相应的规划控制和建设要求		
市政基础设施规划	给水工程系统规划	①水源的选择是否具有充沛的水量和较好的水质；方案中要坚持开源节流的原则，并考虑取水工程本身与其他各种条件以及考虑防护和管理的要求 ②规划布置是否根据城市规划的要求、地形条件、水资源情况及用户对水质、水量和水压的需求等来确定布置形式、取水构筑物、水厂和管线的位置 ③水厂的选址是否合理		
	排水工程系统规划	①是否合理划分排水区域，正确估算雨水、污水总量并制定污水排放标准；是否提出了有效的污水综合利用措施		

中心城区总体规划评审要点				
主要方面		评审要点	得分	备注
市政基础设施规划	排水工程系统规划	②污水处理厂的规划选址是否结合排水管道系统布置统一考虑，并充分考虑城市地形的影响；厂址必须位于集中给水水源的下游，并应在城镇、工厂厂区及居住区的下游和夏季主导风向的下方 ③选址应注意城市近、远期发展问题		
	供电工程系统规划	①线路应尽量短捷且满足安全间距，并需要考虑防洪要求 ②不宜穿中心城区 ③线路布置应该尽量减少对其他管线工程的影响		
	燃气工程系统规划	①煤气厂一般布局在城市边缘，要求足够的防护空间、良好的交通条件和邻近协作企业 ②液化石油气供应基地布局在城市边缘或外围，要求足够的防护空间、地势平坦开阔、最小风频的上风向，气化站和混气站位于负荷中心，要求足够的防护空间和平坦开阔的地势 ③天然气门站要求临近长输管线，有足够的防护空间。天然气储存基地要求临近长输管线或有便利的交通条件（铁路、码头），有足够的防护空间		
	环境卫生工程系统规划	①环卫设施方案应与城市其他相关规划相协调 ②方案中应注重源头减量和资源化利用 ③方案是否打破行政区划的限制，进行统筹规划设计		

（续表）

中心城区总体规划评审要点				
主要方面		评审要点	得分	备注
市政基础设施规划	通信工程系统规划	①城市邮政部门行政机关的位置选择应在城市的中心区 ②是否正确进行用户预测，包括固定电话、移动电话、网络用户的需求量 ③管道网络设置应设在人行道或非机动车道下，方案中不能将管线铺设在机动车道下		
	防灾工程系统规划	①防洪规划：方案中需设置防洪地区，防江河洪水、山洪、海潮等 ②消防规划：方案中能否正确划定消防分区，能够明确消防重点，确定消防站点的布局以及正确设计消防通道和疏散场地		
	城市管线综合规划	①方案中要采用统一的坐标和标高系统 ②规划方案要体现经济性的原则 ③特殊管道（毒、燃、爆）方案中应提出有效的防范措施 ④方案能否充分利用地形，避免地质灾害 ⑤方案中干线应布置在用户较多的一侧或分类布置在道路两侧 ⑥规划方案中应充分考虑现状管道并充分加以利用		
城市旧区改建		是否划定旧区范围，并提出旧区改建的总体目标和人居环境改善要求 是否明确近期重点改建的棚户区和城中村		

中心城区总体规划评审要点			
主要方面	评审要点	得分	备注
城市地下空间	提出城市地下空间开发利用原则和目标是否明确重点地区地下空间的开发利用和控制要求		
规划实施措施	是否明确规划期内发展建设时序，并提出各阶段规划实施的政策和措施		
补充说明：		总得分：	

4.2.4 近期建设规划要点审查评分表

近期建设规划评审要点			
主要内容	评审要点	得分	备注
编制要求	编制原则、依据与参考是否科学合理		
前期工作	基础资料收集与调研是否充分完善；对总体规划和上一轮近期建设规划实施情况回顾预评审是否完善；现状分析总结是否充足完善		
发展目标	①近期发展目标确定是否围绕城市总体规划、国民经济发展规划以及国家城市发展的方针政策的内容确定，并结合总体规划和上一轮近期建设规划实施评审、现状问题分析、专题研究等内容进行考虑②经济、社会、基础设施、生态等指标内容制定是否完善与合理		

（续表）

近期建设规划评审要点			
主要内容	评审要点	得分	备注
发展规模	①近期人口规模计算与预测是否合理 ②近期新增建设用地规模是否依据近期发展目标、发展规划、土地利用总体规划的相关要求，并在综合分析现状城镇建设用地特点和发展趋势的基础上进行确定		
发展策略	①近期发展策略确定是否依据近期发展目标和城市总体规划的相关要求，并结合城市发展建设状况进行确定 ②城市空间发展策略、新城建设策略、产业发展策略、整体时序发展策略等内容是否合理		
重点发展地区的确定	重点发展片区选择是否符合城市发展方向；符合市级政府需要重点采取行动的地区；符合市级政府利用其优势资源、集中力量推进的地区；符合政府在规划期限内即采取行动的地区		
空间结构与用地布局	①用地布局是否突出近期建设重点 ②空间分布与重点发展地区、重点建设项目是否相衔接 ③近期建设控制体系的确定是否合理		
综合交通规划	近期交通规划发展目标的确定，发展战略或策略的制定，交通建设计划的确定等		

近期建设规划评审要点			
主要内容	评审要点	得分	备注
市政基础设施建设规划	城市市政基础设施规划要在总体规划的框架下，结合近期土地投放计划、城市重大项目的安排、城市主要道路修建及城市拆迁、危旧房改造等，确定各项基础设施的建设目标、工作重点，指导各年度实施计划的编制。包括给水、雨水、污水、电力、通信、燃气、供热、环卫、防灾等工程规划		
城乡公共服务设施	各类城市公共服务设施规划要基于对现状的分析和对未来的预测，即各类设施的规划需在对现有设施整合的基础上，统筹未来城市社会经济发展需求		
居住用地规划	预测居民住宅需求总量，根据住房需求规模和供应建设要求，确定住宅用地供应规模；根据实际情况与国家房地产等政策制定近期合理的住宅供应结构；按照城市总体规划人口与用地要求及城市的不同地区和空间结构引导住宅布局；确保近期经济适用房等保障性住房的建设，确定近期居住用地建设规模、用地规模和布局		
历史文化名城与街区、风景名胜区等保护规划	是否确定对历史文化名城、历史文化街区、风景名胜区等提出保护措施，城市河湖水系、绿化、环境保护、整治和建设措施。在近期落实保护规划中明确提出保护内容，在各项保护原则和保护措施的前提下开展城市建设		

（续表）

近期建设规划评审要点			
主要内容	评审要点	得分	备注
近期重点建设项目	在整合各级政府、各职能部门，国民经济和社会发展规划中的近期发展设想、投资计划、重点计划项目安排以及对于城市用地和设施方面需求的基础上，确定近期重点建设项目。对于近期建设项目需从用地、性质、位置、规模、投资、时限等方面有针对性地控制和引导建设实施		
行动计划	近期行动计划是否结合近期发展策略、近期重点地区和重点建设项目		
规划实施措施	是否建立土地供应制度、明确规划实施的职责、制订年度实施计划、完善规划实施管理、加强规划实施监督检查、加强规划的法律地位、规范近期规划审批程序		
补充说明：		总得分：	

4.2.5 城市总体规划实施结果评估要点审查评分表

城市总体规划实施结果评估的评审要点			
主要内容	评审要点	得分	备注
城市目标规划及指标体系	城市性质、规划总体目标、分目标以及指标体系的实施情况与现状建设进行比较、分析目标实施中的偏差的原因		
城市规模	比较现行总体规划人口和用地规模预测与城市发展现状的差异，分析差异产生的原因，提出人口与用地规模预测的基本思路		

城市总体规划实施结果评估的评审要点			
主要内容	评审要点	得分	备注
各种资源利用效率	评估城乡土地、水、能源、环境等战略性资源的利用效率，结合国家宏观政策要求，提出未来集约节约利用资源的基本思路		
城乡空间结构用地布局	分析现行城市总体规划确定的城乡空间结构和用地布局与实际建设情况的差异，评估内外部条件变化对城乡空间结构和用地布局的影响，提出调整的基本思路		
城市公共服务设施及市政设施	城市公共服务设施、综合交通设施、市政重大基础设施和综合防灾减灾规划实施评估		
规划实施保障机制	主要是对规划委员会制度、信息公开制度、公众参与制度、规划年度实施计划等决策机制的建立和运行情况进行评估		
强制性内容	在上述各项内容评估的基础上，明确城市规划区的范围、市域内应当控制开发的用地范围、城市建设用地、城市基础设施和公共服务设施、城市水源地及其保护区范围和其他重大市政基础设施，文化、教育、卫生、体育等方面主要公共服务设施的布局、城市历史文化遗产保护、生态环境保护与建设目标，污染控制与治理措施、城市防灾工程等强制性内容		
补充说明：		总得分：	